油气储运企业高风险作业安全检查系列丛书

受限空间作业安全检查

国家管网集团东部原油储运有限公司　组织编

中国石化出版社

图书在版编目（CIP）数据

受限空间作业安全检查 / 国家管网集团东部原油储运有限公司组织编写. — 北京：中国石化出版社，2022.10
（油气储运企业高风险作业安全检查系列丛书）
ISBN 978-7-5114-6805-5

Ⅰ. ①受… Ⅱ. ①国… Ⅲ. ①石油与天然气储运 – 安全检查 – 技术培训 – 教材 Ⅳ. ① TE88

中国版本图书馆 CIP 数据核字（2022）第 155858 号

中国石化出版社出版发行
地址：北京市东城区安定门外大街 58 号
邮编：100011　电话：（010）57512500
发行部电话：（010）57512575
http：//www.sinopec-press.com
E-mail：press@sinopec.com
北京富泰印刷有限责任公司印刷
全国各地新华书店经销
*
787×1092 毫米 32 开本 1.0 印张 17 千字
2023 年 9 月第 1 版　2023 年 9 月第 1 次印刷
定价：15.00 元

《油气储运企业高风险作业安全检查系列丛书》

编委会

《受限空间作业安全检查》

编审人员

主　编： 王兢兢　徐　岩　崔志伟

审　核： 姜志兵　刘英剑

前言

受限空间作业是指作业人员进入或探入受限空间实施的作业活动。受限空间是指进出受限，通风不良，可能存在易燃易爆、有毒有害物质或缺氧，对进入或探入人员的身体健康和生命安全构成威胁的封闭、半封闭设施及场所，包括反应器、塔、釜、槽、罐、炉膛、锅筒、管道以及地下室、窨井、坑（池）、管沟或其他封闭、半封闭场所。

在油气储运企业，此作业如今广泛应用于储油罐建设、设备维修、装置清洗、土建施工作业中。为了规范受限空间作业的检查与管理，确保作业安全，统一现场监护人员认识，国家管网集团东部原油储运有限公司根据GB 30871—2022《危险化学品企业特殊作业安全规范》及《国家管网集团作业许可安全管理细则》等相关标准和企业制度及现场情况组织业内专家编写了本书，以便对公司区域范围内受限空间作业的检查与管理环节进行标准化、规范化管理。

本书适用于油气储运企业工程建设方、监理、承包商从事受限空间作业的相应管理工作人员参考，也适用于各级安全监督部门、专业安全管理部门及施工单位对施工现场的监督和检查人员参考。

目 录

第一章 受限空间作业前准备

（1）由承包商进行的受限空间作业，基层单位必须向作业单位进行现场检查、交底，对需人员进入作业的设备、设施进行现场检查，对受限空间作业的内容、可能存在的风险以及施工作业的环境进行交底。

（2）每日进行受限空间作业前，作业单位负责人应向作业人员进行作业程序和安全措施交底，并指派作业单位安全监护人。

（3）进行受限空间作业前，基层单位要组织作业单位针对作业内容，开展 JSA 分析，辨识危害因素，评估风险，采取措施，控制风险。

（4）进行受限空间作业前，作业单位应根据项目风险辨识、评价结果来确定此项作业的专项作业方案，保证各类防护设施和救援物资配备到位；进入受限空间作业的相关人员都应接受培训。

（5）受限空间作业必须办理《受限空间安全作业票》，涉及动火、临时用电、高处等作业时，必须办理相应的安全作业票，安全作业票现场办理，现场保存。

（6）在受限空间外的现场需配备一定数量符合规定的应急救护器具，如空气呼吸器（气瓶压力不低于24MPa）、供风式防护面具、救生绳以及灭火器材等。

空气呼吸器

供风式防护面具

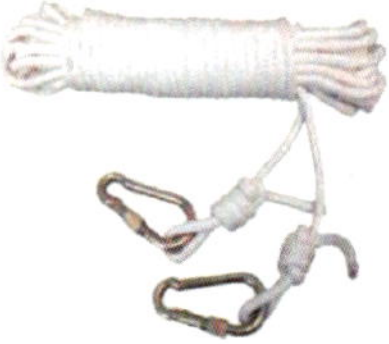

救生绳

灭火器

（7）在受限空间作业期间，在受限空间的出入口内外不得有障碍物，保证其畅通无阻，便于人员出入和抢救疏散。

（8）进行受限空间作业前，需对气体检测仪器进行检查，确保检测仪器可正常使用，在检定期限内。

（9）进行受限空间作业前，对所有与其相连且可能存在易燃易爆、有毒有害物料的管线、阀门加盲板隔离。不应采用水封或关闭阀门代替盲板作为隔断措施。盲板处应挂标识牌。

禁止操作牌

（10）为保证受限空间内空气流通和人员呼吸需要，可采用自然通风，必要时采取强制通风，管道送风前应对风源进行分析确认，不应向受限空间充纯氧气或富氧空气。

第二章 受限空间作业过程安全措施

（1）在受限空间作业过程中，作业区域必须用警戒带、围挡、围栏隔离，出入口设置警示牌，视频监控放置于出入口处。

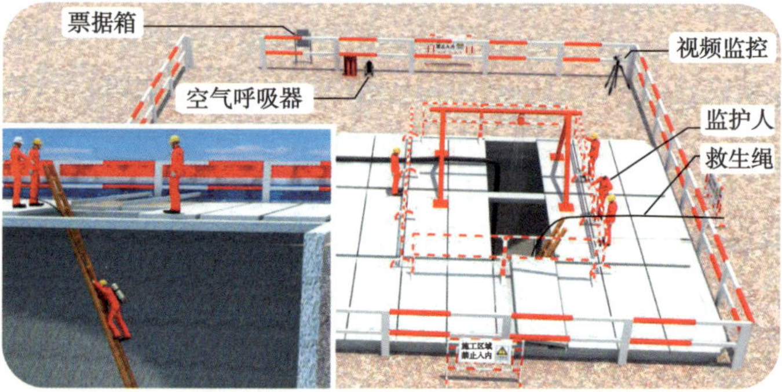

（2）在受限空间作业过程中，作业人员出入口处设置挂牌处，进入人员将工作牌悬挂其上，退出时取回，并做好出入记录。

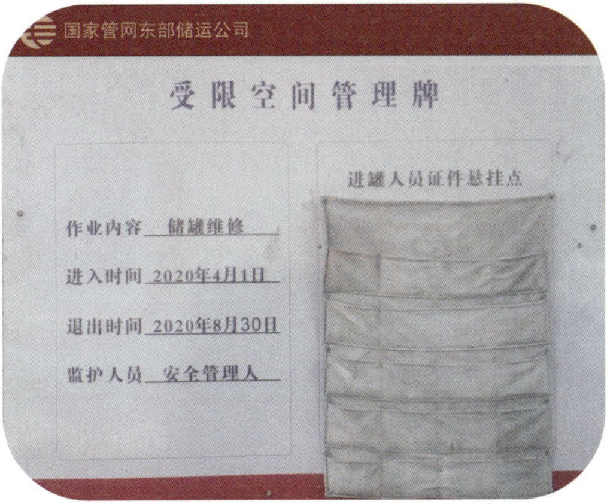

（3）在受限空间作业过程中，对带有搅拌器等转动部件的设备，应在停机后切断电源，摘除保险或挂接地线，并在开关上挂“有人工作　严禁合闸”警示牌，必要时派专人监护。

（4）人员出入口与物料、线路、应急出入口尽量分开设置，且进入受限空间的各种线路要做好防护处理。

（5）作业人员进入受限空间要正确佩戴劳保及防护用品，携带气体检测报警仪、防爆灯及防爆对讲机。

防静电服装

防护器具

检测报警仪

防爆灯

（6）监护人不在场不得进入受限空间作业。在受限空间作业过程中，监护人应在受限空间外进行全程监护，不应在无任何防护措施的情况下探入或进入受限空间，不得擅自离开，定时与作业人员保持联系。监护人员要与作业票上签字人员对应，不得代签。

（7）作业完成后，在敞开的受限空间的醒目位置，设置“未经许可禁止入内”的警示标识，设置围栏等防止误闯入的“硬隔离”措施。

（8）进入受限空间作业应使用安全电压和安全行灯。在进入金属容器（炉、塔、釜、罐等）或特别潮湿及工作场地狭窄的非金属容器内作业时，照明电压不大于 12V。在潮湿环境作业时，作业人员应站在绝缘板上，同时保证金属容器接地可靠。需使用电动工具或照明电压大于 12V 时，应按规定安装漏电保护器，其接线箱（板）严禁带入容器内使用。作业环境原来是盛装爆炸性液体、气体等介质的，应使用防爆电筒或电压不大于 12V 的防爆安全行灯，行灯变压器不得放在容器内或容器上；作业人员应穿戴防静电服装，使用防爆工具，严禁携带非防爆通信工具和其他非防爆器材。

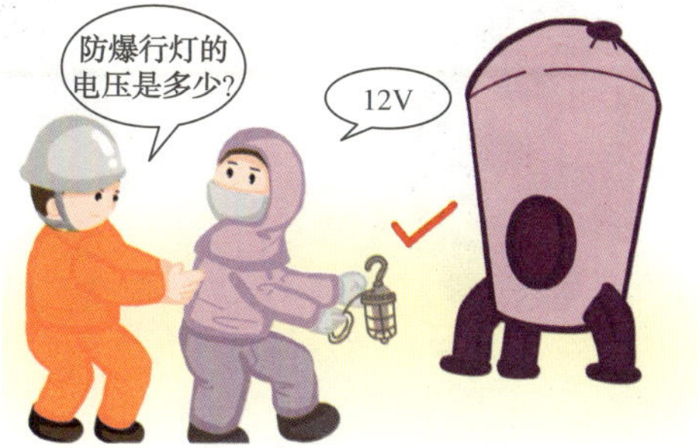

（9）凡是在有可能存在缺氧、富氧、有毒有害气体、易燃易爆气体、粉尘等的受限空间内作业前，应进行气体检测，注明检测时间和结果，填写《进入受限空间作业检测记录表》。作业前 30min 内，对受限空间进行气体检测，检测分析合格后方可进入。受限空间内气体检测 30min 后，仍未开始作业，应重新进行检测；如作业中断时间超过 60min 时，再次进入之前应重新进行气体检测分析。作业时，作业现场应配置移动式气体检测报警仪，连续检测受限空间内可燃气体、有毒气体及氧气浓度，并 2h 记录 1 次。

（10）进行受限空间作业，不得使用卷扬机、吊车等运送作业人员；作业人员所携带的工具、材料须登记，禁止携带与作业无关的物品、工具进入受限空间，禁止与作业无关的人员进入受限空间。

（11）受限空间作业期间，严禁同时进行各类与该受限空间有关的流程操作、试压或试验。

（12）当进行受限空间作业，发生人员中毒、窒息的紧急情况时，抢救人员必须佩戴隔离式防护面具进入受限空间，严禁无防护救援，并至少有 1 人在受限空间外部负责联络工作。

（13）作业结束后，应对受限空间进行全面检查，清点人数和工具。确认无误后，作业单位和基层单位双方签字验收，并对所打开的人孔立即封闭。

进入受限空间危险作业场所作业，在作业前和离开时应清点人数。

第三章 典型事故案例

事故简介：

2006 年 10 月 28 日 19 时 16 分左右，安徽省某防腐工程公司在对一个在建原油储罐进行防腐作业时发生爆炸事故，造成现场作业人员 13 人死亡、6 人受伤。

受限空间爆炸事故：13人死亡、6人受伤。

事故原因：

直接原因：经现场勘察，该防腐工程公司在进行防腐作业时使用的工作行灯等电气设备为非防爆产品；大部分行灯的灯头与防护罩严重松动，灯头上开关大部分损失，工人通过扭转灯泡进行开、关行灯。

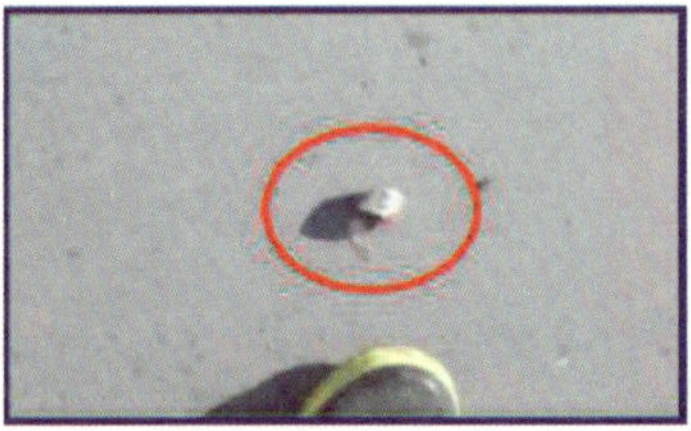

间接原因：施工人员在浮顶船舱第三环舱第八小舱内进行作业时，使用了含苯及甲苯的挥发性更大的有机溶剂，形成爆炸性混合气体，遇照明设备产生的电气火花发生爆炸。

施工中没有安装机械通风设施，造成了苯、甲苯、二甲苯等爆炸性混合气体在舱内的大量积聚。

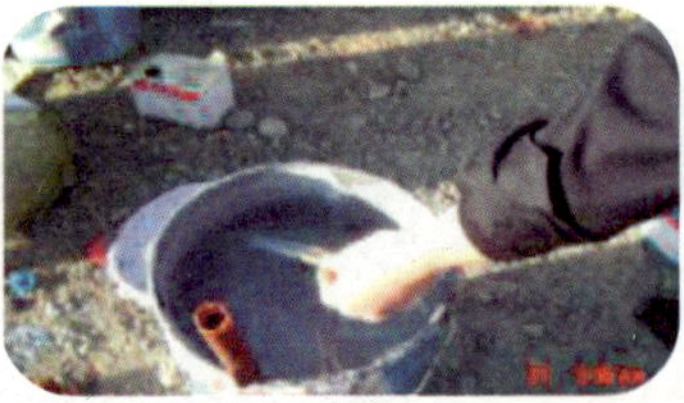

在补漆施工中，施工人员在防腐漆料中加入擅自购买的以苯、甲苯为主要成分的稀释剂（苯、甲苯属低闪点、易挥发物质）。